BEI GRIN MACHT SICH IHR WISSEN BEZAHLT

- Wir veröffentlichen Ihre Hausarbeit,
  Bachelor- und Masterarbeit

- Ihr eigenes eBook und Buch -
  weltweit in allen wichtigen Shops

- Verdienen Sie an jedem Verkauf

Jetzt bei www.GRIN.com hochladen
und kostenlos publizieren

Bibliografische Information der Deutschen Nationalbibliothek:

Die Deutsche Bibliothek verzeichnet diese Publikation in der Deutschen National-
bibliografie; detaillierte bibliografische Daten sind im Internet über http://dnb.d-
nb.de/ abrufbar.

Impressum:

Copyright © 2016 GRIN Verlag
Druck und Bindung: Books on Demand GmbH, Norderstedt Germany
ISBN: 9783668836327

Marius Herbski

Diabetes mellitus Typ 1. Ernährung von Kindern und Jugendlichen im privaten Haushalt

GRIN Verlag

Oecotrophologie:

Versorgungs- und Verpflegungsmanagement

Diabetes mellitus Typ 1

Ernährung von Kindern und Jugendlichen im privaten Haushalt

Modul: Kultur, Ernährung und Nachhaltigkeit

Abgabedatum: 16.02.2016

Student: Marius Herbski

Inhalt

I. Abbildungsverzeichnis

II. Tabellenverzeichnis

III. Abkürzungsverzeichnis

bzw.   =   beziehungsweise

ca.   =   circa

DGE   =   Deutsche Gesellschaft für Ernährung

g   =   Gramm

1. Einleitung

Diabetes mellitus, auch Zuckerkrankheit genannt, ist die bekannteste Diabetesart. Diese wird hauptsächlich in zwei Typen eingeteilt, Diabetes Typ 1 und Diabetes Typ 2. Die Inzidenz dieser häufigsten Stoffwechselerkrankung des Kindes- und Jugendalters nimmt zu. (Hürter und Lange 1997 S.4) (Deutscher Gesundheitsbericht 2012 S.106; Danne, Neu 2012 S.106) Bei Kindern und Jugendlichen trifft als Krankheitsentität des Syndroms Diabetes fast ausschließlich der Typ-1 Diabetes auf. Speziell in der Ernährung dieser Personengruppe greifen traditionelle Interventionen zu kurz und deren Beachtung ist meist unzureichend. (Icks 2002 S.5)

1.2 Vorgehen und Eingrenzung

In dieser Hausarbeit wird auf die chronische Stoffwechselerkrankung Diabetes mellitus Typ 1 bei Kindern und Jugendlichen und deren Ernährung eingegangen. Zunächst wird auf das Krankheitsbild und deren Belastung für Betroffene und Angehörige geschaut. Anschließend werden auf die Behandlungs- und Interventionsmaßnahmen eingegangen. Folgend auf die Ernährung und deren Wichtigkeit bei Diabetes mellitus Typ 1. Im abschließenden Teil wird zusammenfassend über die vorherigen bearbeiteten Punkte diskutiert und Schluss gefolgert. Auf den Diabetes mellitus Typ 2 wird weiter nicht eingegangen.

2. Theoretische Grundlagen

2.1 Definition

„Diabetes mellitus – Zuckerkrankheit – bedeutet honigsüßer „Durchfluss". Hierzu werden zwei Leitsymptome beschrieben, nämlich die Ausscheidung von Zucker mit dem Urin und das damit verbundene häufige Wasserlassen. Es handelt sich um eine genetisch und klinisch heterogene Gruppe von Störungen, die durch das Leitsymptom eines gestörten Glukose-Stoffwechsels charakterisiert sind."(Icks 2002 S.20)
Laut Icks sind die Störungen des Glukosestoffwechsels in Fehlen, Mangel oder mangelhafter Wirksamkeit des blutzuckersenkenden Hormons Insulin begründet. Dadurch kommt es zu einem erhöhten Zuckerspiegel im Blut. Dieser lässt sich durch die Messung des aktuellen Blutglukosespiegels nachweisen. (Icks 2002 S.20)

2.2 Krankheitsbild Diabetes mellitus Typ- 1

Zum Verständnis wird an dieser Stelle das Krankheitsbild kurz umrissen. Bei Kindern und Jugendlichen liegt in ca. 95% aller Diabetes- Fälle ein insulinpflichtiger Diabetes vor. Dieser nennt sich Diabetes mellitus Typ 1. Bei dieser Form des Diabetes wird von der Pankreas wenig bis kein Insulin in ausreichender Menge produziert. Es besteht also ein absoluter

Insulinmangel, welcher durch eine exogene Insulingabe behandelt werden muss. Es handelt sich um eine Autonomieerkrankung, deren Ursache bis heute noch nicht geklärt ist. Das hat zur Folge, dass es zu einer langsam voranschreitenden Zerstörung der insulinproduzierenden β- Zellen in den Langerhansschen Inseln der Pankreas kommt. Diabetes mellitus ist die häufigste Stoffwechselerkrankung im Kindes- und Jugendalter in Deutschland. (Deutscher Gesundheitsbericht Diabetes 2012) „Im renommierten Fachblatt „Lance t" wurden kürzlich erschreckende Daten veröffentlicht: In letzter Zeit hat sich die Zunahme des Auftretens von Typ-1-Diabetes (Inzidenz) in Europa über die zuletzt im Jahr 2003 veröffentlichten Erwartungen beschleunigt." (Deutscher Gesundheitsbericht 2012)

Zunehmend betroffen sind besonders jüngere Kinder. Die Häufigkeit und deren Erwartungen für die nächsten Jahre sind gut zu einzusehen (siehe Abb.1)(Deutscher Gesundheitsbericht 2012 S.107). Der Typ 1 hat nichts mit der Lebensführung der Betroffenen zu tun und kann nach heutigem Wissenstand auch nicht verhindert werden. (Bartus und Holder 2015 S.10 f.)

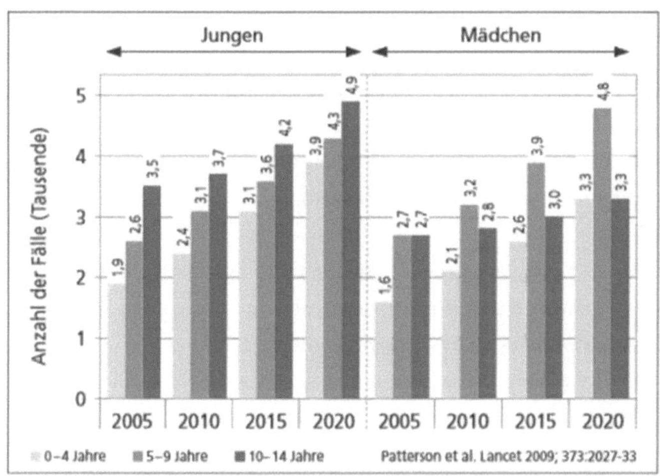

Abbildung 1: Typ 1 Diabetes Häufigkeit bei Kindern (Deutscher Gesundheitsbericht 2012)

2.3 Belastung für Betroffene und Angehörige

Längsschnittstudien zu dem im Laufe eines Lebens und die entstehenden Belastungen und deren Gesamtaufwendung bei kindlichem Diabetes fehlen. Die daraus vorliegenden Schätzungen aus einzelnen Bereichen variieren stark. (Icks 2002 S.25)

Die Belastung oder Diskriminierung im sozialen Umfeld aller Beteiligten ist in Kindergärten oder Schulen zu erkennen. Ein Kind mit Diabetes mellitus in z.B. einer Kindergartengruppe zu haben, bedeutet ein Mehr an Verantwortung für Erzieher oder Lehrer, die sich jedoch dieser großen Verantwortung nicht entziehen dürfen. (Petermann 1995 S.31 f.)

Es kann geschehen, dass schon allein bei der Aufnahme eines Kindes mit Diabetes von der Kindergartenleitung abgelehnt wird. Meistens verbirgt sich dahinter eine diffuse Angst einhergehend mit Voreingenommenheit und Vorurteilen hinsichtlich des Diabetikers. Hinzufügend kommen noch Unwissenheit sowie Angst vor Fehlentscheidungen im Notfall. (Petermann 1995 S.31) „Folgend macht dies deutlich, dass in erster Linie Aufklärungsarbeit über das Wesen der Stoffwechselstörung geleistet werden muss (…)(Petermann 1995 S.32). Eine weitere Belastung ist auch der Ausschluss beim Sport und Spiel. Durch eine Schulbefreiung oder einem Ausschluss vom Sportunterricht werden solche Diskriminierungen von verantwortlicher Seite nicht begünstigt. Wenn betroffene Kinder oder Jugendliche mit Diabetes aufgrund zu langer Klinikaufenthalte oder in regelmäßigen Abständen die Schule nicht besuchen können, wird dies auch als Belastung für den Patienten empfunden, da der Betroffene nicht in den gewohnten Schul- und Alltagsrhytmus kommt. (Petermann 1995 S.33 f.)

Betroffene Kinder und Jugendliche mit langfristig schlechter Stoffwechseleinstellung, welche keine kompetente ambulante Therapiemöglichkeit haben, können zu einer Langzeitbetreuung in eine Diabetikerheim oder Internat überwiesen werden. Hier wird die Heimunterbringung zunächst von vielen Betroffenen als Diskriminierung erlebt, jedoch langfristig gesehen überwiegen dennoch die Vorteile durch eine ständige ärztliche Präsenz und diabetologische Betreuung mit einer Verbesserung der Stoffwechselsituation. (Petermann 1995 S.43)

Durch eine pädagogische und psychologische Betreuung mit adäquatem Schulbesuch, Freizeitangebot und einem Gemeinschaftsgefühl in der Gruppe gleichermaßen Betroffener, wirkt sich diese positiv auf den Betroffenen aus. (Petermann 1995 S. 34)

In den letzten Jahren wurden flexible und auf die individuelle Lebenssituation und deren Eltern abgestimmte Behandlungsprinzipien und Schulungen eingeführt. Diese Behandlungsprinzipien haben sich von der klassischen Schulung in sogenannte „Self-Management" gewandelt. Untersuchungen belegen, dass diese Wandlung deutlich zur Verringerung der psychischen Belastung beiträgt. (Petermann 1995 S.43)

„Gut geschulte Familien können heute ihren Tagesablauf flexibel gestalten." (Icks 2002 S.30) Trotz dieser positiven Entwicklung sollen die noch immer belastenden Sorgen und Probleme für die betroffenen Familien oder Angehörigen nicht bagatellisiert werden. Für Patienten gelten regelmäßige Stoffwechselselbstkontrollen, Planung von Mahlzeiten, Insulininjektionen, begrenzte Spontanität, Bedrohung durch akute Unterzuckerung und die Angst vor Folgeerkrankungen sowie die Sorge um die Zukunft als eine besondere Belastung, und werden von einem großen Teil von Kindern und Jugendlichen auch als eine große Belastung beschrieben. Diese Sorgen und Ängste lassen sich auch bei Eltern und Angehörigen feststellen. Hinzu kommt das Schuldgefühl der Eltern aber auch der betroffenen Kinder. (Petermann 1995 S.33 f.)

„Insgesamt kann jedoch davon ausgegangen werden, dass deutliche psychosoziale Belastungen vorliegen. Sowohl für die erkrankten Kinder und Jugendlichen als auch für deren Eltern ist es schwierig, konkret und unter Alltagsbedingungen ständig eine optimale Diabetestherapie zu realisieren und die Erkrankung in das Alltagsleben zu integrieren. Hier sind kontinuierliche Entlastungen und Motivation sowie psychosoziale Betreuung erforderlich." (Icks 2002 S.31)

Zusammenfassend ist festzustellen, dass Innerhalb der Familie die Sonderstellung bzw. – Behandlung des Kindes oder Jugendlichen mit Diabetes auf ein Mindestmaß reduziert werden muss um eine Diskriminierung im Sinne von Ungleichbehandlung vorzubeugen. Zweifelsohne ist dies eine schwierige Gratwanderung und erfordert von den Eltern sehr viel Geduld und psychologisches und pädagogisches Geschick. (Petermann 1995 S.34)

3. Behandlungs- und Interventionsmaßnahmen

Folgend werden die Behandlungs- und Interventionsmaßnahmen von Kindern und Jugendlichen mit Diabetes mellitus Typ 1 beschrieben. Sie beinhaltet medizinische Maßnahmen ebenso wie pädagogische und psychosoziale Interventionen. Anschließend wird auf die Schulung und die Betreuung Betroffener eingegangen.

3.1 Insulin- und Stoffwechselkontrolle

Ziel der Diabetestherapie ist es, denn Blutzucker langfristig normnah einzustellen. „Seit einer großen prospektiven Longitudinalstudie in den USA kann als erwiesen gelten, dass mit einem möglichst normnahen Blutzucker das Risiko für die gefürchteten Spätschäden signifikant reduziert werden kann." (Icks 2002 S.31)

Als ersten und einfachsten Schritt für eine Blutzuckerbestimmung ist der Urintest. Hier werden zwei Werte überprüft: Der Zucker- und der Acetonwert. Aceton ist ein Ketonkörper welcher beim Abbau von Fetten entsteht und bei einem Diabetiker ausgeschieden wird. Beide Werte geben Aufschluss über die Blutzuckereinstellung und sind eine gute Orientierung (Bartus und Holder 2015 S.72)

Ein weiterer zentraler Parameter für die Güte der Stoffwechseleinstellung, ist der im Blut zu bestimmenden HbA1c- Wert. Der HbA1c- Wert drückt den Anteil des roten Blutfarbstoffs aus, welcher mit Zuckermolekülen beladen ist. Dieser wird im Labor untersucht. Der ermittelte Anteil wird mit der mittleren Blutzuckerkonzentration der letzten drei Monate korreliert und ermöglicht daher genaue Rückschlüsse auf den Blutzuckerverlauf in diesem Zeitraum. Dieser wird auch als Blutzuckergedächtniswert bezeichnet. (Icks 2002 S.31)

Dieser Blutzuckergedächtniswert gibt eine Auskunft über die Stoffwechseleinstellung der letzten sechs bis acht Wochen d.h. der durchschnittliche Blutzuckerspiegel. Dadurch kann der behandelnde Arzt die Therapie optimal gestalten und die ersten Insulinmengen bestimmten. Bei einem gesunden Menschen liegt dieser bei etwa 5%, bei Diabeteskranken bei ca. 6- 15%. Am Tag der Untersuchung werden zwei Tropfen kapillares Blut auf ein Saugpapier aufgebracht und per Post in das Labor der Diabetesklinik Bad Mergentheim zur zentralen Auswertung geschickt. Folgend wird dort eine affinitätschromatographische Glyko-HbA1- Bestimmung durchgeführt. (Petermann 1995 S.191).

Im Jahre 1922 gelang der Durchbruch in der Behandlung von Diabetes mellitus Typ 1 mit der Einführung der Insulintherapie. Hier ist die Insulinsubstitution Basis der Diabetestherapie. Dazu wird der aktuelle Blutzuckerspiegel aus einem Bluttropfen, welcher aus der Fingerbeere gewonnen wird, bestimmt. Gegebenenfalls wird mittels über die Nahrung aufgenommene Kohlenhydrate oder die Zuführung exogenen Insulins eine Korrektur vorgenommen. Das Insulin wird an geeigneter Stelle wie zum Beispiel Oberschenkel, Bauch oder Oberarm subkutan unter die Haut gespritzt (siehe Abbildung 2)

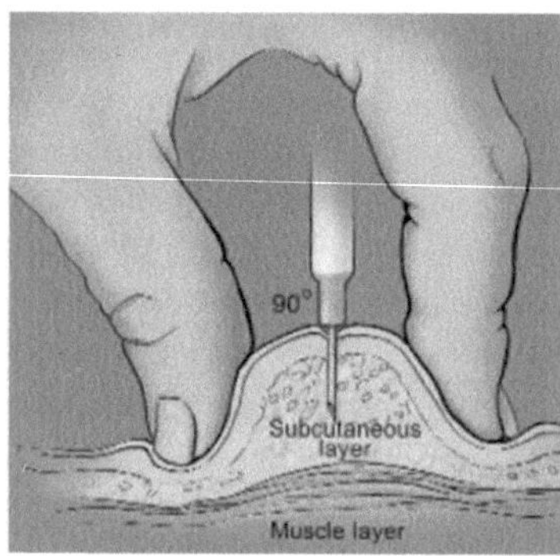

Abbildung 4:Subkutane Injektion (https://de.wikipedia.org/wiki/Subkutan)

Nach langer Zeit starrer Insulinsubstitution, welche eine zeitlich und mengenmäßig definierte Nahrungsaufnahme erfordert, ist es nun möglich mit modernen Therapiestrategien eine flexiblere Lebensführung zu ermöglichen. Diese sogenannte „intensivierte" Therapie beinhaltet eine mehrmals täglich durchzuführende Selbstkontrolle des Blutzuckerspiegels durch den Patienten, sowie eine Abschätzung der mit der Nahrung zugeführten Kohlenhydratmenge. (Icks 2002 S.32) Folgend kann eine flexible Anpassung der Insulindosis durch die Patienten oder durch die Eltern gemacht werden. Bei der Bestimmung der

Insulindosis sind dabei neben aktuellem Blutzucker und Kohlenhydratmenge noch die Tageszeit und die Bewegung zu berücksichtigen. (Icks 2002 S.32 f.)

„Eine optimierte Anpassung der Insulinsubstitution und damit verbundene regelmäßige Blutzuckerkontrollen sind grundlegende Voraussetzungen zur Führung des Diabetes." (Icks 2002 S.32) Eine Kontrolle der Stoffwechselqualität ist unabdingbar. Die Ergebnisse müssen dokumentiert und bei den regelmäßigen Visiten mit dem betreuenden Arzt besprochen werden. (Icks 2002 S.32 f.)

Zu einer Beurteilung der Blutzuckereinstellung sollte neben den aktuellen Messungen ebenfalls regelmäßig der HbA1c bestimmt werden. Eine regelmäßige ärztliche Untersuchung ist ebenso wichtig, wie die kontinuierliche Beobachtung des Blutzuckerspiegels (Icks 2002 S.33)

3.2 Pädagogische und psychosoziale Intervention

Das Leben Betroffener mit Diabetes mellitus Typ 1 stellt jeden Tag neue Anforderungen, welche zeitweilig oder dauerhaft als Belastung gelten. Das Ausmaß dieser Belastung variiert abhängig von vielen Einflüssen. (Petermann 1995 S.277) Für jede Altersgruppe stellen sich psychosoziale Anforderungen, welche mit der somatischen Entwicklung auftreten. Die Stoffwechseleinstellung im Säugling oder im Kleinkind bzw. Vorschulalter wird meist als schwierig befunden. Besonders kleine Kinder im Vorschulalter leiden häufig unter den schmerzhaften Maßnahmen der Insulininjektion. (Icks 2002 S.30)

Oft leiden Kinder unter den häufigen kleinen Mahlzeiten und Einschränkungen bei Süßigkeiten. Zwischen dem 12. Und 18. Lebensjahr lernen die Jugendlichen, ihren Diabetes eigenverantwortlich zu behandeln. Jedoch kann diese Phase sehr konfliktbeladen verlaufen. Es zeigt sich, dass besonders diese Patientengruppe als am schwierigsten gilt. (Icks 2002 S.37) „Internationale Studien weisen nahezu übereinstimmend darauf hin, dass es bei Jugendlichen weitaus schwerer gelingt, eine ausgeglichene Stoffwechsellage zu erreichen als bei jüngeren Kindern und Erwachsenen mit Typ 1-Diabetes. Als Ursache werden somatische, pädagogische und soziale Faktoren diskutiert." (Icks 2002 S.37) Laut Icks beschreiben die Jugendlichen die Notwendigkeit von ständiger Wachsamkeit, kontrolliertem Verhalten, Mitführen der Therapiehilfsmittel und Dokumentation der Therapieschritte als besonders belastend und schwierig.

Ebenso wichtig wie die somatisch orientierte Behandlung, welche lebenslang angepasst werden muss, sind Diabetesschulungen und psychosoziale Betreuung kontinuierlicher Prozesse. Diese müssen immer auf dem Laufenden gehalten werden. Es gilt besonders für die Betreuung von Kindern und Jugendlichen, deren Lebensumstände sich stetig wandeln. (Icks 2002 S.37 f.) „Dies kommt auch in nationalen und internationalen Statements durch

Forderung nach wiederholten intensiven Schulungen zur Förderung des eigenverantwortlichen Umgangs mit der Erkrankung zum Ausdruck." (Icks 2002 S.37 f.)

Hauptziel bei der Versorgung von Kindern und Jugendlichen mit Diabetes ist eine ständige Optimierung der Stoffwechseleinstellung, um Akut- und Spätschäden zu verhindern. Dafür ist eine anspruchsvolle Stoffwechselbeobachtung und –Führung, welche auch Eigenverantwortung erfordert, unabdingbar. Die mit der chronischen Erkrankung verbundenen Belastungen und Anforderungen der Therapie benötigen neben engmaschigen medizinischen Kontrollen eine kompetente Schulung. Dazu kommt noch eine kontinuierliche psychosoziale Betreuung. Dadurch sollen Kinder und Jugendliche mit Diabetes und Ihre Familien ein möglichst wenig belastendes Leben führen können. (Icks 2002 S.38)

Abschließend stellt sich die Frage, wie eine solche Betreuung umgesetzt werden kann. Dieser wird im Folgenden nachgegangen.

3.3 Schulung und Betreuung

Der Fokus bei Kinder- oder Jugendschulungen liegt bei dem Denk- und Erlebnisvermögen des jungen Patienten. Jedes Kind erhält ein Schulungsbuch mit verschiedenen Arbeitsblättern indem dieser durch Übungen, Spiele und Lückentexte die wichtigen Punkte näher gebracht werden. Bei Kindern ist es wichtig, dass die Eltern bei der Schulung und Therapie mit einbezogen werden. Dadurch erhält man genaue Auskünfte, inwiefern ihr Kind selbstständig die Krankheit bewältigen kann. (Petermann 1995 S.75)

Die Eltern bekommen genaue Anweisungen wie sie zuhause mit dem Kind durch praktische Übungen und Spielen das vorher Gelernte vertiefen können. Des Weiteren wird eine ambulante oder stationäre Schulung empfohlen, worin verschiedene Übungsanteile durchgeführt werden können. Wichtig hier ist, dass bei stationären Schulungen möglichst viele Übungen im Alltag durchgeführt werden, sodass die jungen Patienten erleben, wie viele Freiheiten sie trotz ihres Diabetes besitzen. Diese Übungen und Schulungen unterscheiden sich nicht von denen, welche mit Stoffwechselgesunden Kindern in Ferienprogrammen durchgeführt werden. (Petermann 1995 S.76 f.)

Früher konzentrierten sich die Diabetes Typ 1 Schulungen nur auf eine differenzierte Wissensvermittlung. Man unterstellte, dass das verbesserte Wissen zu einer optimalen metabolischen Kontrolle führt. Jedoch konnte in Studien diese Annahme nicht bestätigt werden. Die Zwei Wissenschaftler Kaplan und Chadwick (1987) verglichen die Unterschiede einer reinen Wissensvermittlung mit einer Schulung, welche sich an verhaltenspsychologischen Vorgaben. Hierzu konnten eindeutig die Überlegenheit der verhaltenspsychologischen Schulung belegt werden. Hierzu wurden bereits für jede Altersgruppe möglichst individuelle Schulungskonzepte erarbeitet. (Petermann 1995 S.75 f.)

Die chronische Erkrankung des Diabetes mellitus erfordert einen langwierigen Prozess von Verhaltensänderungen. Der Patient trägt einen wesentlichen Anteil der Verantwortung bei der Diabetesbehandlung. Es hat sich in den letzten Jahren zunehmend die Erkenntnis durchgesetzt, dass die Aufgabe nur oder sogar im Wesentlichen durch die Patienten selbst geleistet werden muss. Obligater Bestandteil der Diabetestherapie ist es, die Patienten zu befähigen, diese Aufgabe eigenverantwortlich zu übernehmen. (Icks 2002 S.35) In diesem Kontext besitzt der Begriff „Selbstmanagement" eine große Bedeutung. Es wurden fünf Punkte bzw. Anforderungen für den Patienten ausgearbeitet, welche beim Selbstmanagement zu beachten sind. Diese zeigen folgend, wie vielfältig und komplex das Selbstregime dieser chronischen Erkrankung ist. Für Kinder und Jugendliche ist hier natürlich die mithilfe der Eltern gefragt:

- Stoffwechselkontrolle mit täglich mehrmaliger Blutzuckermessung
- Planung und Selbstkontrolle bei der Nahrungsaufnahme
- Regelung körperlicher Aktivitäten
- Insulinbehandlung mit Selbstinjektion
- Teilnahme an einem Patientenschulungsprogramm + Umsetzung im Alltag
(Petermann 1995 S. 123 f.)

Aus „patient education" wurde „self-management-training", welche nochmals aufzeigt, wie wichtig das sogenannte Selbstmanagement ist. Schulungen bzw. Self-Management-Trainings können auf verschiedenste Weise in die Diabetestherapie integriert werden. (Icks 2002 S.35f.) Speziell bei pädiatrisch- diabetologischen Zentren in Deutschland erfolgt eine umfassende Erstschulung, welche in der Regel als Einzelschulung durchgeführt wird. Danach folgt eine kontinuierliche ambulante Langzeitbetreuung, welche medizinische sowie psychosoziale Aspekte beinhaltet. Zur notwendigen Ergänzung werden mehrtägige Schulungsangebote für Fortgeschrittene, Eltern, Kinder und Jugendliche durchgeführt. Es werden Fertigkeiten zur Umsetzung der Therapie im täglichen Leben trainiert, neue Prinzipien vorgestellt, Selbstständigkeit der Patienten gefördert, Motivation aufgebaut und Erfahrungen ausgetauscht. Diese Schulungen werden ambulant, stationär sowie in der freien Natur durchgeführt. (Icks 2002 S.36)

3.3.1 Spannungsfeld

In Verhaltensweisen bei Betroffenen unterliegen nach der sozial- kognitiven Lerntheorie von Bandura (1986) auch gleichermaßen interne wie externe Einflüsse. Die internen Prozesse bzw. Einflüsse bestehen aus kognitiven und emotionalen Faktoren. Diese stellen sich im Alltag als Antagonisten heraus und bauen ein sogenanntes Spannungsfeld auf. (Petermann 1995 S.124)

Dieses Spannungsfeld bewegt sich zwischen dem Bedarf und Bedürfnis sowie der Vernunft und der Lust des Betroffenen. Hier ergibt sich das Spannungsfeld für einen Patienten daraus, dass er seinen Appetit und sein Essverhalten immer auf seine Stoffwechsellage abstimmen und mit der Insulintherapie in Einklang bringen muss. Betrachtet man hierzu die Verantwortung der jungen Patienten so kann dies ein Problem darstellen. Es stellt sich die Frage, wie man einem jugendlichen Patienten über das kritische Alter der Pubertät hinweg helfen kann. Denn das Jugendalter ist eine Zeit, welcher von Veränderungen in allen Lebensbereichen geprägt ist (siehe Abb.3). (Petermann 1995 S.124 f.)

Entwicklungsaufgaben im Jugendalter	Störeinflüsse des Typ-I-Diabetes
Akzeptieren des eigenen Körpers mit seinen Veränderungen und effektive Nutzung des Körpers in Arbeit, Sport und Freizeit.	Verzögerte sexuelle Reifung und geringeres Größenwachstum möglich.
Entwicklung einer eigenständigen Persönlichkeit mit geschlechtsspezifischem Verhalten.	Verletzung der Intimsphäre durch häufige medizinische Untersuchungen.
Entwicklung emotionaler Unabhängigkeit von den Eltern und anderen Erwachsenen.	Elterliche Überbesorgtheit und Überbehütung führen dazu, daß statt der Verselbständigung der Diabetes im Mittelpunkt familiärer Interaktionen steht.
Entwicklung einer neuen Beziehungsqualität zu Gleichaltrigen beiderlei Geschlechts, mit dem Wunsch, dazu zu gehören und anerkannt zu werden.	Eine zeitlich streng geregelte Nahrungsaufnahme und ein Verbot typischer Teenagerkost erfordern Selbstbewußtsein und Autonomie, um sich trotz dieser Abgrenzung in die Gleichaltrigengruppe zu integrieren.
Aufbau von Selbstbewußtsein und Selbstvertrauen bei gleichzeitiger kritischer Distanzierungsfähigkeit im Falle unangemessenen Verhaltens.	Hyper- und Hypoglykämien belegen dem Jugendlichen das Anderssein im Vergleich zu anderen Menschen.
Entwicklung eines positiven Selbst- und Körperbildes.	Auseinandersetzung mit dem defekten Körper.

Abbildung 7:Entwicklungsaufgaben im Jugendalter und Störeinflüsse des Diabetes Typ 1 (Petermann 1995

Kognitive, emotionale, soziale und körperliche Entwicklung ereignen sich in einer Schnelligkeit und Intensität, wie sie sich nur in den ersten ca. vier Lebensjahren eines Kindes abspielen." (Petermann 1995 S. 124)

Nach einer Untersuchung von Seiffge- Krenke (1994) wirkt sich Diabetes besonders auf die Sozialentwicklung störend aus. Die Jugendalter- und krankheitsspezifischen Belastungen können dementsprechend als Verlust von Lebensqualität empfunden werden. Dies kann zur Folge haben, dass das Krankheitsbild abgelehnt oder gar verdrängt wird. Dies beeinträchtigt die Disziplin im Tagesablauf, die regelmäßigen Blutzuckerkontrollen sowie die Nahrungsregelung. (Petermann 1995 S.125)

4. Ernährung bei Typ 1

„Eine gesunde Ernährung ist für Kinder und Jugendliche mit Typ-1-Diabetes ein wichtiger Grundpfeiler der Gesamttherapie." (Bartus und Holder 2015 S.115) „Der Speiseplan darf und soll eine ausgewogene Mischung aller Lebensmittel enthalten und sich an der allgemeinen Ernährungsempfehlung orientieren, die auch für Menschen ohne Diabetes gilt." (Bartus und Holder 2015 S.115)

Viele wissenschaftliche Untersuchungen zeigen heute deutlich: Je rigider die Empfehlungen formuliert sind, desto schwieriger ist es, diese dauerhaft durchzuführen und umzustellen. (Bartus und Holder 2015 S.116)

Das Hauptziel ist es, einen nahezu normalen Blutzuckerverlauf zu erreichen. Starke Blutzuckerschwankungen nach „oben" (Hyperglykämie) oder nach „unten" (Hypoglykämie) sollen vermieden werden. Wichtig ist der zeitliche Abstand zwischen Injektionen und Mahlzeiten sowie die Art der Lebensmittel, ihre Verarbeitung und ihre Zusammensetzung, welche im Folgenden beleuchtet werden. (Bartus und Holder 2015)

4.1 Allgemeine Ernährungsempfehlung für Kinder und Jugendliche

Als Grundlage dient die allgemeine Ernährungsempfehlung für Kinder und Jugendliche. Diese Ernährungsempfehlung in Deutschland basiert auf den Empfehlungen der Deutschen Gesellschaft für Ernährung (DGE). Hier hat die DGE zehn Regeln für eine vollwertige Ernährung formuliert. Diese basieren auf einer abwechslungsreichen Auswahl nährstoffreicher und dabei energiearmer Lebensmittel. Die aktuelle Auflage der Referenzwerte für die Nährstoffzufuhr wurde im Jahre 2000 gemeinsam von der Gesellschaft für Ernährung in Deutschland, Österreich und Schweiz herausgegeben. Das kürzerer Synonym hierzu nennt sich „D-A-CH- Referenzwerte", diese beinhalten die drei Länderabkürzungen. (Deutsche Gesellschaft für Ernährung e.V. 2000)

Es gibt in der Ernährung drei wesentliche Grundbausteine: Eiweiß, Kohlenhydrate und Fett. Diese liefern dem menschlichen Körper Energie. Sie werden in den Maßeinheiten kcal und/oder kJ angegeben welche bei der späteren Nahrungsregelung und Berechnung unabdingbar sind. Jeder Grundbaustein verfügt über unterschiedliche Energieaufnahmen vom menschlichen Körper (siehe Tab.1). (Bartus und Holder 2015 S.123)

Nährstoff	kcal	kJ
Eiweiß	4,1	17
Kohlenhydrat	4,1	17
Fett	9,3	38

Tabelle 1:Energie Nährstoffe (eigene Zusammenstellung, Hürter und Lange 1997 S. 123)

Für die tägliche Energieaufnahme gibt es folgende Referenzwerte (siehe Tab.2)

Alter	Männlich	Weiblich
7- bis 10-Jährige	1900 kcal/d	1700kcal/d
10- bis 13- Jährige	2300 kcal/d	2000 kcal/d
13- bis 15- Jährige	2700 kcal/d	2200 kcal/d

Tabelle 2:Referenzwerte der Energieaufnahme (eigene Zusammenstellung, Hürter und Lange 1997 S. 123)

Bei Kindern und Jugendlichen sollen Kohlenhydrate >50%, Fette etwa 30-35% und Proteine etwa 10% der aufgenommenen Gesamtenergie betragen. Hierbei ist wichtig, dass die konsumierten Kohlenhydrate reich an Stärke, Ballaststoffen, sekundären Pflanzenstoffen und essentiellen Nährstoffen sind. Die empfohlene Ballaststoffmenge liegt bei etwa 24g/Tag. Bezüglich der Fettsäuren sollen gesättigte maximal 10%, mehrfach ungesättigte Fettsäuren 7% und einfach ungesättigte mindestens 10% der Gesamtenergie betragen. Die DGE hat eine visualisierte Darstellungsform in Form eines sogenannten DGE- Ernährungskreises erstellt (siehe Abb.4). (Deutsche Gesellschaft für Ernährung e.V. 2000)

Abbildung 12:DGE- Ernährungskreis (Deutsche Gesellschaft für Ernährung e.V. 2000, online unter https://www.dge.de/ernaehrungspraxis/vollwertige-ernaehrung/ernaehrungskreis/)

4.2 Zusammensetzung der menschlichen Nahrung

Die Nahrung besteht überwiegend aus Kohlenhydraten, Eiweiß, Fett, Wasser, Vitaminen und Mineralstoffen. Diese Bausteine befinden sich in unterschiedlichsten Zusammensetzungen in unserer Nahrung. Mineralstoffe, Vitamine und Spurenelemente liefern keine Energie für den menschlichen Körper, sind aber für viele wichtige biochemische Vorgänge verantwortlich. Eine gesunde Ernährung besteht aus einer guten Mischung aller Bestandteile. (Bartus und Holder 2015 S.116)

4.2.1 Eiweiß

„Eiweiß ist Hauptbestandteil unseres Körpers." (Bartus und Holder 2015 S.116) Er dient als Baustoff und als Energielieferant und ist daher für besonders Kinder und Jugendliche ein enorm wichtiger Bestandteil. Die Hauptquellen für Eiweiß sind tierischen Ursprungs wie Milch oder Milchprodukte. Auch pflanzliche Lebensmittel wie Hülsenfrüchte und Kartoffel sind wichtige Eiweißlieferanten. (Bartus und Holder 2015 S. 116)

Der Begriff Eiweiß gilt nur als Überbegriff für verschiedene Arten von Eiweißen, die in unterschiedlichen Verbindungen aufzufinden sind. Eiweiß ist nicht Insulinabhängig, sollte aber nicht in unbegrenzten Mengen gegessen werden. Beim Abbau von Eiweiß im menschlichen Körper entstehen geringe Mengen Zucker, welche noch Stunden später nach Verzehrung eiweißhaltiger Nahrung den Blutzucker erhöhen können. Daher soll bei besonders eiweiß- oder fettreichen Mahlzeiten Extraeinheiten Insulin, sogenannte FPE = Fett- Protein- Einheiten abgegeben bzw. angegeben werden. (Bartus und Holder 2015 S.116 f.)

4.2.2 Fette

Dieser Baustein ist für viele Stoffwechselvorgänge im Körper verantwortlich und dient als Baumaterial für Nervenbahnen und Blutgefäße. Fette bestehen aus unterschiedlich zusammengesetzten Fettsäuren welche zur Energiegewinnung abgebaut bzw. als weiteres Baumaterial weiterverarbeitet werden. (Bartus und Holder 2015 S.118)

Fette werden wie folgt unterschieden:

- tierische oder pflanzliche Herkunft
- gesättigt oder ungesättigt, einfach oder mehrfach ungesättigt (gesättigt oder ungesättigt gibt Auskunft über die Bindung innerhalb der Fettsäure)
- essentiell oder nichtessentiell (essentielle Fettsäuren lassen sich nicht selbst vom menschlichen Körper herstellen, im Gegensatz zu nichtessentielle)

(Bartus und Holder 2015 S.118 ; Hürter und Lange 1997 S.121)

4.2.3 Kohlenhydrate

Dieser Hauptnährstofflieferant wird unterschieden in verdauliche und unverdauliche Kohlenhydrate, sogenannte Ballaststoffe. Die verdaulichen Kohlenhydrate bestehen aus einem oder mehreren Zuckerbausteinen. Während des Verdauungsvorgangs im Körper werden diese in die Grundbausteine Glukose und Fruktose gespalten und abgebaut. Nur Glukose und Fruktose lassen sich vom Körper in die Blutbahn aufnehmen, welche dann den Blutzuckerspiegel beeinflussen bzw. erhöhen. Kohlenhydrate welche in Form von Stärke vorkommen wie zum Beispiel in Getreide und Kartoffeln, brauchen mehr Zeit zur

Umwandlung zu Glukose. Diese verzögern den Blutzuckeranstieg. (Bartus und Holder 2015 S.118)

Kohlenhydrate aus Milchprodukten (Lactose) wie zum Beispiel Joghurt und Buttermilch oder Käse brauchen genau so viel Zeit zur Verdauung wie die oben genannte Stärke obwohl diese nur aus zwei einfachen Bausteinen bestehen. Die in den Milchprodukten enthaltenen Fette und Eiweiße können die Verdauung verlangsamen. (Bartus und Holder 2015 S.118) Kohlenhydrate sind die zusammengefassten verschiedenen Zuckerarten, welche nach der Anzahl ihrer Zuckerbausteine in drei Gruppen eingeteilt wird:

- Einfachzucker – keine Spaltung mehr nötig, schnelle Aufnahme in Blutbahn
- Zweifachzucker – mithilfe von Enzym Amylase Spaltung möglich, danach Aufnahme in Blutbahn möglich
- Mehrfachzucker/ Vielfachzucker - mithilfe von Enzym Amylase Spaltung möglich, danach Aufnahme in Blutbahn möglich, dienen vor allem der Energiegewinnung (Bartus und Holder 2015 S.118)

4.2.4 Süßungsmittel/ Süßstoffe

Süßstoffe sind künstliche Produkte, welche zwar süß schmecken aber keinerlei Kohlenhydrate und daher keine Kalorien enthalten. Diese sind synthetisch hergestellt und haben eine deutlich stärkere Süßkraft. In Bezug auf Kinder und Jugendliche ist zu erwähnen, dass diese Süßungsmittel kein Karies verursachen. (Bartus und Holder 2015 S.120)

4.3 Mahlzeiten

Die Anzahl der einzelnen Mahlzeiten wird individuell auf den Patienten und deren Essensgewohnheiten und Tagesablauf abgestimmt. Ein Aspekt ist die Verteilung der Mahlzeiten und Kohlenhydrate. Es ist zu empfehlen, die Energiezufuhr auf mehrere kleinere Mahlzeiten zu verteilen. Dadurch wird ein rasanter Auf- und Abstieg des Blutzuckerspiegels vermieden. (Bartus und Holder 2015 S.123)

„Es ist sinnvoller, zum Frühstück ein Müsli aus Getreideflocken, Cerealien, Obst und Joghurt oder Milch zu essen als ein Toastbrot mit Marmelade. Dasselbe gilt für das Pausenbrot in der Schule: Anstatt eines hellen Brötchen oder eines Laugenbrötchens sollten Sie Ihrem Kind besser ein belegtes Vollkornbrot mit Wurst oder Käse und Gemüse mitgeben." (Bartus und Holder 2015 S.123)

Zum Verständnis ist zu erwähnen, dass Müsli, Getreideflocken oder Vollkornbrot im Vergleich zu z.B. Toastbrot eine höhere Nährstoffdichte aufweist und reich an Ballaststoffen ist. In Toastbrot befinden sich viele Einfachzucker, welche direkt ins Blut „schießen" und den Blutzucker rasant ansteigen lassen. Daraufhin muss Insulin gespritzt werden.

Als Mittag- oder Abendessen ist eine Kombination aus Fisch, Fleisch, Geflügel oder Hühnerei empfehlenswert. Hier dient das Eiweiß als Hauptnahrungsbestandteil. Als Beilagen dienen Reis, Kartoffel oder Teigwaren worin die Kohlenhydrate den Hauptnahrungsbestandteil darstellen. Ergänzend ergibt Gemüse oder Salat bzw. Obst als Dessert eine ideale Kombination. (Bartus und Holder 2015 S.123)

4.4 Nahrungsregelung

Eine wichtige Komponente bei der Diabetesbehandlung ist die Nahrungsregelung. Für den Patienten besteht das Hauptziel darin, die kurzfristigen Blutzuckerschwankungen zu minimieren. Es soll das Risiko der möglichen Spätfolgen durch eine glykämische Kontrolle verringert werden. (Petermann 1995 S.126 f.)

Gleiche Kohlenhydratmengen in der Nahrung haben unterschiedliche Wirkungen auf den Blutzuckerspiegel. Zur besseren Abschätzung der Wirkung des Kohlenhydrates auf den Blutzuckerspiegel bietet der glykämische Index eine gute Hilfe. Ein niedriger glykämischer Index sagt aus, dass der Blutzuckerspiegel sehr langsam ansteigt wie z.B. beim Verzehr von Haferflocken oder Hülsenfrüchte. Ein hoher glykämischer Index welcher nach Verzehr von Traubenzucken oder Haushaltszucker auftritt, bewirkt wiederrum einen hohen Blutzuckeranstieg. (Bartus und Holder 2015 S.124)

Auf einen Blick	Glykämischer Index	Glykämischer Load
Lebensmittel mit hohem GI (>70)		
Traubenzucker (Glukose)	100	10
Baguette	95	15
Cornflakes	81	21
Weißer Reis, "klebrig"	87	37
Kartoffelpüree	85	17
Gebackene Kartoffeln	85	26
Waffeln	76	10
Pommes frites	75	22
Weißbrot (Toast)	73	10
Kräcker	71	13
Lebensmittel mit mittlerem GI (55-70)		
Vollkornbrot, fein	70	9
Zucker	68	7
Rote Bete	64	5
Cola	63	16
Müsliriegel mit Trockenfrüchten	61	13
Ananas	59	7
Basmatireis	58	22
Müsli	55	10
Haferflocken	55	3
brauner Reis	55	18

Abbildung 21:glykämischer Index & glykämische Last/Load Tabelle (Verband für Unabhängige Gesundheitsberatung e.V.)

Der glykämische Index wird in Prozent angezeigt. Zu seiner Ermittlung werden Dauer und Höhe des Blutzuckeranstiegs nach Verzehr von 50g Kohlenhydrat aus einem Lebensmittel verwendet. Als Referenzwert gilt der Blutzuckeranstieg nach Aufnahme von 50g Glukose (siehe Abb.5)

Es wurde eine weiterer Begriff namens „glykämischer Load/Last" eingeführt. Dieser bezieht sich auf die Glykämische Gesamtbelastung einer tatsächlich verzehrten Portion des jeweiligen Lebensmittels. Da der wie bereits schon erläuterte Einfachzucker sehr schnell in die Blutbahn gelangt, wird dieser immer mit 100% angegeben. (Hürter und Lange 1997 S.160 ff.)

Bsp.:   1 Scheibe Weißbrot = GI 73%   = 14g Kohlenhydrate:

      GL   = 0,73 x 14   = 10,2

Der Nährstoffbedarf jedes einzelnen Menschen ist unterschiedlich. Er richtet sich nach Alter, Geschlecht, Größe, Gewicht und Arbeitsleistung. Der Nährstoffgehalt der verschiedenen Lebensmittel ist unterschiedlich groß. Um den unterschiedlichen Nährstoffbedarf des Menschen mit Lebensmittel unterschiedlichen Nährstoffgehalts decken zu können, sind hierzu einheitliche Berechnungsgrundlagen notwendig. (Hürter und Lange 1997 S.123)

Die drei Grundnährstoffe Eiweiß, Fette und Kohlenhydrate enthalten Energie, die im Körper durch Stoffwechselprozesse freigesetzt wird. Als Maßeinheit für diese Energie bzw. Wärmeenergie hat man sich anfangs auf Kalorie (kcal) geeinigt. Jedoch wurde die Kalorie durch das „Joule" (J) ersetzt. Ab dem 31.12.1977 wurde dann auf den Lebensmittelverpackungen die Maßeinheit Joule (J) verwendet. (Hürter und Lange 1997 S.123)

| OBST UND OBSTPRODUKTE | ENERGIE | | HAUPTNÄHRSTOFFE | | | Kohlenhydrate | | Wasser |
| Lebensmittel (je 100 g verzehrbarer Anteil) | | | Eiweiß (Protein) | Fett Gesamt | Fett MUFS | verwertbar | nicht verwertbar (Ballaststoffe) g | |
	kcal	kJ	g	g	g	g		g
Obst und Obstprodukte								
Acerola	16	66	0,2	0,2	0,1	2,6	2	89
Konzentrat	261	1093	5,6	2,7	1,1	57	0	1,5
Saft	22	92	0,3	0,3	0,1	4,5	0	94,3
Ananas	56	232	0,5	0,2	0,1	12,4	1	84,7
in Dosen	66	277	0,4	0,2	+	15,2	1	82
Saft	53	220	0,4	0,1	0,1	12	+	85,6
Apfel	54	225	0,3	0,6	0,3	11,4	2	84,4
getrocknet (geschwefelt)	255	1067	1,4	1,6	1	57	10,1	24,5
Konfitüre	258	1080	0,1	0,1	0,1	64	0,7	35
Mus	79	328	0,2	0,4	0,2	19,2	2	84,3
Saft	57	208	0,1	+	+	11,7	+	88
Apfelsine (Orange)	42	177	1	0,2	0,1	8,3	1,6	85,9
Konfitüre	259	1085	0,4	0	+	63,6	0,5	38,7
Saft, frisch gepresst	46	192	0,7	0,2	0,1	9,4	0,2	88,2
Saft, ungesüße Handelsware	44	185	0,7	0,2	0,1	9,4	·	87,6
Saftkonzentrat	212	885	2,4	1,5	0,4	47,1	0	36,8
Aprikosen (Marillen)	43	180	0,9	0,1	0	8,5	1,5	86,3
getrocknet	240	1003	5	0,5	0,1	47,9	17,3	17
in Dosen	71	298	0,6	0,1	+	17	2	80,5
Konfitüre	248	1037	0,3	0,1	+	60,6	0,6	36,9
Nektar, ca. 40 % Fruchtanteil	60	250	0,3	0,1	+	14,4	0	84,6
Avocado	221	923	1,9	23,5	1,8	0,4	6,3	66
Backobst	246	1045	2,9	0,9	0,5	20	9	22
Banane	88	369	1,2	0,2	0,1	20	1,8	73,9
getrocknet	326	1362	4,4	0,8	0,2	75,2	12	7,6
Birne	55	231	0,5	0,3	0,1	12,4	3,3	84,3
getrocknet	213	890	3,1	1,8	0,6	46	13,5	33
in Dosen	67	281	0,3	0,2	+	16	2	80,4
Nektar, ca. 40 % Fruchtanteil	55	228	0,3	0,2	+	12,9	0,5	86,2
Brombeeren	44	183	1,2	1	0,6	6,2	3,2	84,6
Konfitüre	259	1084	0,5	0,4	0,2	63,1	1,2	34
Saft	38	158	0,3	0,6	0,5	7,8	0	90,9
Cherimoya (Anone)	63	264	1,5	0,3	0,1	13,6	1	74
Clementine	39	67	0,9	+	0	8,7	1,5	87,5

Abbildung 28:Nährwerttabelle (Verband für Unabhängige Gesundheitsberatung e.V. 2015)

Folgend wird in vier Schritten der Ablauf zu einer erfolgreichen Nährwertberechnung kurz aufgezeigt:

1. Jeweiliges Lebensmittel abwiegen
2. Nährstoffe mittels Nährstofftabelle errechnen
3. Energie- und Nährstoffbedarf einsehen
4. Insulindosis anpassen

5. Diskussion und Schlussfolgerung

Die folgende Diskussion und Schlussfolgerung betrachtet nochmals kurz den ärztlichen Aspekt, sowie die Aufklärungsarbeit der Erzieher und Lehrer. Auf die Ernährung und das Verhalten in der Familie der jeweiligen Betroffenen und Angehörigen wird ebenfalls Schluss gefolgert. Abschließend wird kurz auf die Öffentlichkeitsarbeit eingegangen.

Es ist wichtig, dass die Diagnostik so früh wie möglich stattfindet, damit die Krankheit von dem Patienten angenommen wird. Hierdurch kann an erster Stelle das Risiko von möglichen Spätfolgen verringert werden.

Betrachtet man die ärztliche Seite so ist zu sagen, dass die Behandlungs- und Interventionsmaßnahmen immer aktualisiert, und auf den neusten Stand gebracht werden. Es zeigt sich deutlich, dass sich die Behandlung sehr auf das sogenannte Self- Management ausrichtet und diese sich sehr nah an den Alltag eines gesunden Menschen richtet. Die Krankheit soll möglichst wenig Beeinträchtigung für den Patienten haben. Der Betroffene hat die Insulin- und Stoffwechselkontrolle selbst, oder deren Elternteil, unter Kontrolle. Die Ärzte geben wichtige Auskünfte, und bringen den Patienten sowie den Angehörigen das Krankheitsbild näher. Doch die entscheidenden Schritte liegen in der Hand der Betroffenen. Arztbesuche, Kontrollen und regelmäßiger Kontakt mit dem behandelnden Arzt sind unabdingbar. Diese geben nochmals eine gewisse Sicherheit für Betroffene und Angehörige.

Ein weiterer wichtiger Punkt ist die Aufklärungsarbeit, welche an den Erzieherinnen und Erzieher in Kitas sowie den Lehrerinnen und Lehrer in den Schulen geleistet werden muss. Diese kommen stetig in den Kontakt mit Betroffenen Kindern und Jugendlichen. Laut Icks müssen hier mehr Schulungen und Informationsveranstaltungen durchgeführt werden, um den Erzieher-/innen und Lehrer-/innen die Angst vor dem Kontakt mit Betroffenen Kindern und Jugendlichen zu nehmen. Bei kritischen Situationen und Notfällen kann der oder die Beaufsichtigende demnach richtig handeln.

Die Ernährung der Betroffenen ist ein sehr wichtiger Aspekt in dieser Thematik. Eine gesunde Ernährung kann vieles Erleichtern und dient gleichermaßen als Entlastung für z.B. ständige Insulininjektionen und Blutzuckerkontrollen, welche den jungen Patienten belasten. Es ist wichtig, den Lebensstill und die Ernährung dem Krankheitsbild anzupassen. Eine Diät ist keine Pflicht und ist abzuraten, da diese sehr beeinträchtigt und viel Aufmerksamkeit verlangt. Die Kinder und Jugendlichen müssen in erster Linie lernen, wie und was in einem menschlichen Körper mit Diabetes mellitus Typ 1 vorgeht. Was passiert mit dem verzehrten Essen in meinem Körper? Welche Funktion übernimmt das Insulin? Diese Fragen müssen klar und eindeutig für den jungen Patienten sein. Empfehlenswert ist eine Reduzierung von

Fetten und Ölen. Besonders die langkettigen Fettsäuren lagern sich im Körper um die Zellen und können diese sozusagen verstopfen. Hier kann das Insulin, welches noch in geringen Mengen selbst produziert wird oder subkutan gespritzt wird, nicht mehr wirken. Es Verhindert den Transport von lebenswichtigen Glukose in die Zellen. Bei einer fettreduzierten Ernährung wird demensprechend weniger Insulin benötigt, welche dann als kleine Entlastung für den jungen Patienten dient. Eine subkutane Insulinzufuhr ist unabdingbar jedoch kann die Menge reduziert werden.

Bei dem Thema bzw. dem Krankheitsbild des Diabetes mellitus Typ 1 aber auch Typ 2 ist es wichtig, dass offen damit umgegangen wird. Kein Patient soll und darf das Gefühl bekommen, seine Krankheit sei etwas Außergewöhnliches und stehe damit im Abseits. Er muss wie jeder andere Mensch ein einigermaßen sorgenfreies Leben führen können, ohne Ängste und Ausschließungen jeglicher Art. Die Mitmenschen, welche mit dem Krankheitsbild in der Schule, Arbeit oder im Alltag in der Fußgängerzone konfrontiert werden, müssen über Allgemeines dieser Krankheit erfahren. Hier ist es ratsam, dass schon in der Schule Aufklärungsarbeit betrieben wird.

6. Zusammenfassung

Die Inzidenz des Diabetes mellitus Typ 1 steigt stetig und wird es auch in Zukunft. Es ist wichtig, dass diese Autonomieerkrankung bei Kindern immer auf dem neusten Stand gehalten wird. Sei es die Behandlung, deren Interventionsmaßnahmen und Schulung oder die Ernährung des betroffenen Patienten. Die heutige Gesellschaft darf dieses Krankheitsbild nicht verdrängen und muss offen damit umzugehen wissen. Der Betroffene kann ohne große Umstände, einer gesunden Ernährung, der eigenen und gesellschaftlichen Akzeptanz ein nahezu unbeschwertes Leben führen.

Literaturverzeichnis

Bartus, Béla; Holder, Martin (2015): Das Kinder-Diabetes-Buch. Glücklich groß werden mit Diabetes Typ 1. 1. Aufl. Stuttgart: TRIAS. Online verfügbar unter http://www.vlb.de/GetBlob.aspx?strDisposition=a&strIsbn=9783830469773.

Danne; Neu 2012 Bez. Kapitel: Diabetes bei Kindern und Jugendlichen (DiabetesDE) Deutsches Gesundheitsbuch Diabetes 2012

Deutscher Gesundheitsbericht Diabetes 2012 (DiabetesDE)

Deutsche Gesellschaft für Ernährung e.V. (Hg.) (2000): DGE Ernährungskreis online verfügbar unter https://www.dge.de/ernaehrungspraxis/vollwertige-ernaehrung/ernaehrungskreis/
letzter Zugriff: 01.02.2016

Hürter, Peter; Lange, Karin (1997): Diabetes bei Kindern und Jugendlichen. Klinik, Therapie, Rehabilitation ; mit 47 Tabellen. 5., vollst. überarb. und erw. Aufl. Berlin: Springer.

Icks, Andrea (2002): Versorgung von Kindern und Jugendlichen mit Diabetes mellitus. Univ., Diss--Bielefeld, 2000. Lage: Jacobs (Schriftenreihe Gesundheit, Pflege, soziale Arbeit, Bd. 16).

Petermann, Franz (Hg.) (1995): Diabetes mellitus. Sozial- und verhaltensmedizinische Ansätze ; [Beiträge des 3. Bremer Verhaltensmedizin-Kolloquium, Achim (bei Bremen), Oktober 1993]. Bremer Verhaltensmedizin-Kolloquium. Göttingen: Hogrefe Verl. für Psychologie.

Verband für Unabhängige Gesundheitsberatung e. V. (2015): Glykämischer Index: Revolution oder Sturm im Wasserglas?
Online verfügbar unter: https://www.ugb.de/glykaemischer-index/glykaemischer-index-tabelle/
letzter Zugriff: 05.02.2015

Wikimedia Deutschland - Gesellschaft zur Förderung Freien Wissens e.V. (2015): Subkutan
Online verfügbar unter: https://de.wikipedia.org/wiki/Subkutan
letzter Zugriff: 05.02.2015

BEI GRIN MACHT SICH IHR WISSEN BEZAHLT

- Wir veröffentlichen Ihre Hausarbeit, Bachelor- und Masterarbeit

- Ihr eigenes eBook und Buch - weltweit in allen wichtigen Shops

- Verdienen Sie an jedem Verkauf

Jetzt bei www.GRIN.com hochladen und kostenlos publizieren